U0120800

澳洲坚果原植物
鉴别图册

主　编　施　蕊　杨玉春　白海东
副主编　万晓丽　罗国发　李晓娜
　　　　　刘　灿　杨　卿

中国林业出版社
China Forestry Publishing House

图书在版编目（CIP）数据

澳洲坚果原植物鉴别图册 / 施蕊，杨玉春，白海东主编；
万晓丽等副主编. --北京：中国林业出版社，2023.3
ISBN 978-7-5219-2146-5

Ⅰ.①澳… Ⅱ.①施… ②杨… ③白… ④万… Ⅲ.①澳洲坚果—
鉴别—图集 Ⅳ.①S664.9-64

中国国家版本馆CIP数据核字（2023）第035148号

策划编辑：许 玮
责任编辑：许 玮
封面设计：时代澄宇

出版发行：中国林业出版社
　　　　　（100009，北京市西城区刘海胡同 7 号，电话 83143576）
电子邮箱：cfphzbs@163.com
网址：www.forestry.gov.cn/lycb.html
印刷：河北京平诚乾印刷有限公司
版次：2023 年 3 月第 1 版
印次：2023 年 3 月第 1 次印刷
开本：710mm×1000mm　1/16
印张：6.75
字数：110 千字
定价：60.00 元

本书编写人员名单

主　编　施　蕊　　杨玉春　　白海东

副主编　万晓丽　　罗国发　　李晓娜　　刘　灿　　杨　卿

参　编　杨　琴　　石定宏　　黄绍琨　　杨庭泉　　赵云晋

　　　　　　李智华　　杨廷丽　　何家梅　　唐永奉　　铁学江

　　　　　　田红星　　刘世平　　李秀君　　沈仕福　　王红颜

　　　　　　陶佳祥　　禹恩华　　雷　艳　　樊绍光　　张国昌

　　　　　　陶　亮　　高景然　　张婧仪　　李顺美　　郭　晶

　　　　　　王　颖　　全　伟　　张彦昌　　周发金　　张志才

　　　　　　黄佑国　　严星茹　　张　澳　　卢　娜　　梁茜茜

　　　　　　史鹏飞　　汪永贵　　焦金龙　　高旭霞　　柴　鑫

　　　　　　陆熙煜　　李国荣　　龚　颖　　肖　颖　　邓双飞

　　　　　　沙荣双　　舒瑞超　　陈　龙　　蜂黄龙　　应支萍

PREFACE
前　言

　　澳洲坚果（*Macadamia* spp.）别名昆士兰果、夏威夷果、昆士兰栗、澳洲胡桃等，属于山龙眼科（Proteaceae）澳洲坚果属（*Macadamia* F. Mull）的常绿乔木果树。澳洲坚果的原产地是澳大利亚昆士兰州南部以及新南威尔士州北部沿海亚热带的雨林地区。1991 年，临沧市永德县开始引进澳洲坚果试种。临沧市自然条件优越，生态环境良好，具有发展坚果得天独厚的资源禀赋。我国现有澳洲坚果种植面积为 400 多万亩①，全球第一。发展澳洲坚果产业显现出良好的经济、生态和社会效益，发展好澳洲坚果产业在我国南部地热海拔地区国民经济建设中具有重要意义。原国家林业局（现国家林业和草原局）在《全国优势特色经济林发展布局规划（2013—2020 年）》中将澳洲坚果确定为西南高原季风性亚热带区域的优势特色经济林树种，加大了扶持力度。国家林业和草原局关于促进林草产业高质量发展的指导意见（林改发〔2019〕14 号）中提出当前至2025 年的重点工作之一就是建设木本油料、特色果品等经济林基地和花卉基地，培育特色优势产业集群。云南省出台了《云南省澳洲坚果产业发展规划 2013—2020 年》，这一系列政策措施充分突显木本油料产业在国民经济中的地

_____

① 1 亩 =1/15 公顷，以下同。

位和作用，使发展以澳洲坚果等为主的特色经济林产业迎来新的历史机遇。

2022 年，云南省澳洲坚果种植面积达 379 万亩，占全球种植面积的 54%，占全国种植面积的 88%。其中，临沧市种植面积 262.77 万亩，产量达 6 万 t，实现产值 30 亿元，成为覆盖全市 8 县（区）71 个乡（镇），涉及种植户 51 万人，年人均收入超过 6000 元。临沧市自然条件优越，生态环境良好，具有发展坚果得天独厚的资源禀赋。为进一步推进澳洲坚果产业标准化建设，临沧市制定了坚果良种苗木培育、嫁接苗、丰产栽培、高接换种、主要有害生物防治、肥料与农药使用、果实采收与采后处理、鲜果收购质量要求、带壳果、果仁地方标准 10 部，组建了"国际澳洲坚果研发中心"，先后建成了国家坚果类检测重点实验室、国家林业草原澳洲坚果工程技术研究中心、张守攻院士工作站；与中国林业科学研究院、中国热带农业科学院、西南林业大学等科研院校合作，建立了临沧坚果标准化质量管控体系，有 2 家企业和 3 家种植户的坚果标杆基地通过了全球良好生态农业认证；并被授予"澳洲坚果之乡"称号，"临沧坚果"也获得农产品地理标志认证。为把"临沧坚果"打造成"国际名片"，临沧市建立了国际澳洲坚果大会委员会议事机制，通过举办国际澳洲坚果研究与发展促进会年会和临沧坚果文化节活动，进一步加大与国际行业间的交流和合作，有效构建国际合作的新模式、推进国际合作的新发展。

本书以云南临沧市林业科学院种植的澳洲坚果研究材料为撰写基础，从临沧澳洲坚果概况、临沧澳洲坚果主要品种、澳洲坚果种植技术分析、澳洲坚果中国潜在适生区研究 4 个方面做了详细的介绍，使大家更广泛地了解临沧市的自然以及社会经济概况；对不同品种的坚果进行详细的描述，使临沧种植的澳洲坚果跃然纸上；汇总了澳洲坚果的农业环境概况，分析了澳洲坚果在国际市场与国内市场的大环境，并分享了临沧多年来对澳洲坚果的种植经验；通过对澳洲坚果在中国潜在适生区的研究，在准确的数字分析与模型的基础上，分析气候对澳洲坚果在地区分布上的影响，旨在提高我国澳洲坚果产业标准化生产水平，希望给广大种植者提供指导。

编者

2023 年 1 月

Contents

目 录

第一章　临沧澳洲坚果概况

一　临沧市自然资源环境

临沧市位于中国西南部，因濒临澜沧江而得名，总面积 2.4 万 km²，辖 7 县 1 区，总人口 249.3 万人。东部与普洱市接壤，南部与邻国缅甸交界，西部与保山市交界，北部与大理白族自治州相邻。自古以来就是"南方丝绸之路""西南丝茶古道"上的重要节点，区位优势独特，自然资源丰富，文化底蕴深厚，被誉为"世界佤乡、天下茶仓、恒春之都、大美临沧"。临沧市国境线长 290.791 km，境内的耿马、镇康和沧源 3 个县与缅甸山水相连。有 3 个国家级开放口岸，分别是耿马孟定清水河一类口岸和镇康南伞、沧源永和两个二类口岸，5 条通缅公路，10 多条边贸通道和诸多长期以来自然形成的边民互市点。与临沧接壤的是由民族地方武装控制的掸邦第二特区（佤邦）和由缅甸政府控制的掸邦北部果敢自治区。中缅边界纵横交错，无任何天然屏障，自古以来就形成了连接中缅双方边境群众世代友好往来的驿站，双边友好交往和互利合作历史悠久、源远流长。随着"一带一路"战略的实施，缅甸已成为我国进入印度洋的捷径，是我国周边外交的最前沿，属于我国的必争、必保、必稳之地，具有重要的战略意义。

北回归线横穿临沧市辖区南部，澜沧江、怒江流经辖区东西两侧，太平洋环流无法将内陆污染投送，印度洋环流区没有污染源，云南本地无中度以上污染源，森林覆盖率达 65%。临沧具有独特的气候环境，大部分地区属亚热带低纬度高原季风气候，具有以亚热带为主，热带和温带气候共存，冬暖夏凉，雨热同季，干湿分明，无霜期长，年温差小的特点。实践探索中，临沧市发挥气候环境优势，大量发展橡胶、甘蔗、香蕉等经济作物，短期内带来了一定的经济收益，但随着其他地区同质化经济作物产业的发展和环境保护的需要，这些产业的经济效益和生态效益不断下降。之后又探索发展核桃、咖啡等产业，但也因缺乏独占性资源优势而难以达到长期脱贫致富。澳洲坚果 5 年出产，10 年丰产，经济寿命可达 60 年，甚至更长，单株最高产量可达 150 kg，规范种植 20 株 / 亩，丰产后亩产值达万元。且坚果树四季常绿，生态价值非常高。临沧全市低热河谷区域面积 1100 余万亩，为澳洲坚果产业发展提供了广阔的空间。如图 1-1、图 1-2 所示，临沧市全年日均最低气温 14℃，日均最高气温 26℃。

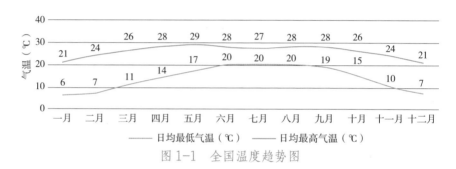

图 1-1　全国温度趋势图

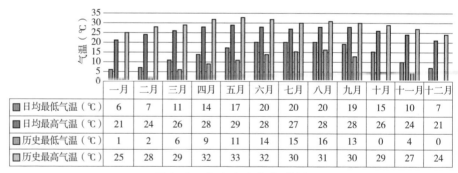

	一月	二月	三月	四月	五月	六月	七月	八月	九月	十月	十一月	十二月
日均最低气温（℃）	6	7	11	14	17	20	20	20	19	15	10	7
日均最高气温（℃）	21	24	26	28	29	28	27	28	28	26	24	21
历史最低气温（℃）	1	2	6	9	11	14	15	16	13	0	4	0
历史最高气温（℃）	25	28	29	32	33	32	30	31	30	29	27	24

图 1-2　临沧市全年气温图

年累计降水量 1158 mL（图 1-3），临沧全年日照时数为 1878~2247 小时，太阳能辐射总量为每年每平方米 5239~5702 MJ，属全国三类太阳能资源中等类型地区。

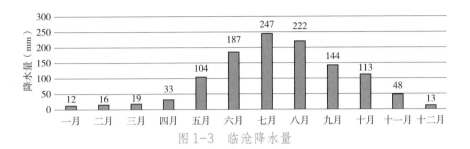

图 1-3 临沧降水量

二 经济环境

临沧市经济运行稳定恢复，经济社会发展呈现"经济稳定增长、民生持续改善、环境更加优越、社会和谐稳定"的良好态势（图 1-4）。2020 年临沧市地区生产总值 821.32 亿元，同比增长 3.7%。其中：第一产业增加值 242.34 亿元，同比增长 5.7%；第二产业增加值 203.84 亿元，同比增长 1.4%；第三产业增加值 375.14 亿元，同比增长 3.9%。2020 年，临沧市农林牧渔业总产值实现 377.09 亿元，同比增长 5.7%（图 1-5）。2020 年 12 月末，全临沧市金融机构人民币存款余额 798.15 亿元，同比增长 15.4%，比年初增加 106.48 亿元，连续 4 个季度排名全省第 1 位。临沧市全体居民人均可支配收入 19267 元 / 人，同比增长 6.4%，增速排全省第 2 位。按常住地分，城镇常住居民人均可支配收入 30794 元 / 人，同比增长 4.3%，增速排全省第 1 位；农村常住居民人均可支配收入 12824

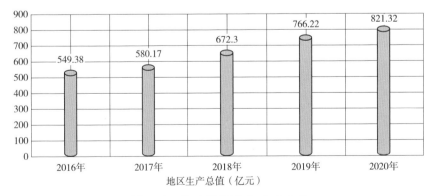

图 1-4 临沧地区近年生产总值

元/人，同比增长 7.7%，增速排全省第 8 位。

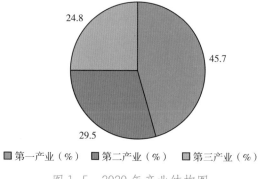

第一产业（%）　第二产业（%）　第三产业（%）

图 1-5　2020 年产业结构图

全年社会消费品零售总额 317.02 亿元，比上年下降 6.3%（图 1-6）。按经营地统计，城镇消费品零售额 143.76 亿元，比上年下降 6.6%；乡村消费品零售额 173.26 亿元，比上年下降 6.0%。按消费类型统计，餐饮收入 46.06 亿元，比上年下降 6.8%；商品零售 270.96 亿元，比上年下降 6.2%。

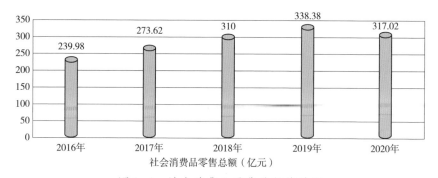

社会消费品零售总额（亿元）

图 1-6　社会消费品零售总额统计图

全年完成进出口总额 54.88 亿元，比上年下降 9.6%。其中，进口总额 35.51 亿元，比上年下降 14.5%，出口总额 19.38 亿元，比上年增长 0.9%。全年国内外旅游者人数 1882.15 万人次，比上年下降 40.8%。其中，海外旅游者人数 12.35 万人次，比上年下降 82.2%；实现旅游业总收入 185.31 亿元，比上年下降 45.5%。

三 市场环境

1 云南是"一带一路"重要节点，临沧是云南的重要口岸城市

2013 年，习近平总书记首次提出共同建设"丝绸之路经济带"。2015 年 3 月 28 日下午，国家发展和改革委员会、外交部、商务部联合发布了《推动共建丝绸之路经济带和 21 世纪海上丝绸之路的愿景与行动》。"一带一路"是"丝绸之路经济带"和"21 世纪海上丝绸之路"的简称。在"一带一路"敲定的 18 个省份定位中，云南被定位为"面向南亚、东南亚的辐射中心"，是由其本身特有的区位优势所决定的。云南地处中国经济圈、东南亚经济圈和南亚经济圈结合部。其与缅甸、越南、老挝三国接壤；与泰国和柬埔寨通过澜沧江—湄公河相连；并与马来西亚、新加坡、印度、孟加拉等国邻近，是我国毗邻周边国家最多的省份之一，也是"一带一路"发展中的重要省份。在"一带一路"倡议的大背景下，临沧作为云南重要的边境口岸城市，必将发挥出其重要的作用，对于临沧澳洲坚果产业而言，也是一个前所未有的发展机遇。

2 中国是澳洲坚果最大的消费国之一，市场供不应求

2012 年 4 月至 2017 年 3 月，澳洲坚果对中国出口量从 1294 t 上涨到 16311 t，增长 11.6 倍。2014 年 4 月到 2015 年 3 月，澳洲坚果对中国出口量增长 493%。2016 年年底，中国市场占据澳洲坚果全球出口市场的 32%，成为亚洲乃至全球最大的澳洲坚果进口国。然而，目前中国市场对于澳洲坚果的消费刚刚起步，近几年来才慢慢进入寻常老百姓的家中，随着人们饮食习惯和消费习惯的养成，澳洲坚果的需求量必将逐年快速升高，市场潜力巨大，产业前景广阔。

3 消费者对健康、绿色、高品质食品的需求日趋旺盛

随着我国人民生活全面进入小康水平，绿色食品生产和消费正在进入一个加快发展的新时期。由于环境污染的加剧、人们健康意识的增长和自身对于高品质的追求，健康、绿色、高品质的食品更受追捧与青睐。而临沧澳洲坚果种植环境优良、品质优异，且产业发展正朝着绿色、有机、无公害的方向稳步前进。澳洲坚果在中国供不应求，市场消费潜能不可

估量。中国澳洲坚果进口量达全球第一，但中国人均消费水平仅为 3 g/ 人，远未达到世界人均 16 g/ 人的水平，澳洲坚果在中国消费市场有巨大的成长空间；同时，中国澳洲坚果种植面积及新增种植面积均为世界第一，随着澳洲坚果中国种植及管理技术的进一步优化和提高，未来澳洲坚果中国产量不可估量。

第二章 临沧坚果主要品种

一 主栽品种

临沧主要种植的坚果品种有 660、741、344、508、246、788、H2、OC、广 11、A4、A16、695、900、294、800 15 个，还有其他种植数较少的品种如 333、816、863、791 等。

经审定澳洲坚果良种有 10 个，即 OC、246、508、788、344、660、741、800、H2、294。

经认定澳洲坚果良种有 5 个，即 900、广 11、695、A4、A16。

二 品种特性和适生条件

1 农试 246 品种特性

（1）高产、速生品种。适宜于热带、亚热带地区，海拔 600~1200 m。抗寒性较强，前期产量较低，后期丰产稳定。

（2）成年树（图 2-1）树形开张，呈圆形或阔圆形，分枝多，且向下部弯曲，抗风性差。

（3）顶部嫩叶淡绿色（图 2-2）。

（4）稳定叶青绿色，老叶深绿色，叶片长而顶端钝尖，叶缘波浪形，刺中等多，叶片常扭曲，有时出现畸形叶，有时出现互生叶（图 2-3、图 2-4）。

（5）嫩梢绿色，稳定的小枝灰白色，后来枝条上出现纵裂纹状的表皮，老枝呈黑褐色。枝条萌发力强，细长（图 2-5）。

图 2-1 农试 246 品种树形图

图 2-2 农试 246 品种树形图

图 2-3　农试 246 品种叶片图

图 2-4　农试 246 品种叶片图

图 2-5　农试 246 品种叶片图

（6）花白色，花期长，花量多。

（7）壳果较圆且光滑，棕黄色，间黄斑，珠孔大而突出，腹缝线宽、槽状，壳果卵石花纹集中于扁平的脐部周围（图 2-6~ 图 2-8）。

（8）壳果球形，果大，棕红色，斑纹较多，腹缝线不明显，萌发孔中等大。出仁率 32.3%，一级果仁率 85.5%。含油率 71.2%。果仁中等大，乳白色（图 2-9、图 2-10）。

2　农试 508 品种特性

（1）高产、速生品种。适宜于热带、亚热带地区，海拔 900~1500 m。抗寒性较强，不抗高温。

（2）树冠窄圆形至圆锥形，顶向生长较旺盛（图 2-11、图 2-12）。

（3）顶芽嫩叶淡绿色，幼树嫩芽、嫩叶与成年树的芽、叶区别较大（图 2-13、图 2-14）。

（4）叶顶部略呈圆形，叶缘波浪形，少刺或全缘，有时叶缘反卷，叶片光滑，呈簇状着生于枝条末端，夏季高温天气新梢叶片变为黄白色（图 2-15）。

图 2-6 农试 246 品种坚果

图 2-7 农试 246 品种坚果

图 2-8　农试 246 品种坚果

图 2-9　农试 246 品种坚果

图 2-10　农试 246 品种坚果

图 2-11　农试 508 品种
树冠图

图 2-12　农试 508 品种树形图

图 2-13　农试 508 品种幼树嫩叶图

图 2-14　农试 508 品种幼树嫩叶图

图 2-15　农试 508 品种叶片图

（5）枝条也有像246一样的纵裂纹状的表皮，只是508的枝条节间短，每次抽梢易发簇生枝（图2-16）。

（6）花序细小，量多，乳白色。

（7）海拔偏高时坐果率偏高，呈葡萄壮挂果，鲜果的果皮腹缝线向左或向右呈弓形弯曲，看上去鲜果果皮一半多一半少，果顶突起钝圆。壳果圆形，珠孔长点形，与珠孔连接的腹缝线呈比较明显线条（图2-17）。

图2-16　农试508品种枝条图

图2-17　农试508品种果实图

（8）壳果球形，中等大，棕红色，斑纹少，腹缝线凸出，萌发孔小（图2-18）。出仁率31.82%，一级果仁率96.32%。含油率75.74%。果仁中等大，白色（图2-19、图2-20）。

图 2-18　农试 508 品种果实图

图 2-19　农试 508 品种果实图

图 2-20　农试 508 品种去除青皮图

3　农试 788 品种特性

（1）早实丰产，品质优良。适宜于热带、亚热带地区，海拔 600~1400 m。

（2）树势直立，树体健壮（图 2-21）。

图 2-21　农试 788 品种树势图

（3）顶芽嫩叶淡古铜色（图2-22、图2-23）。

图 2-22　农试 788 品种嫩芽图

图 2-23　农试 788 品种嫩芽图

（4）叶片大而长，光滑带有光泽，大波浪形，叶缘反卷，叶尖有少量刺（图 2-24、图 2-25）。

图 2-24　农试 788 品种叶片图

图 2-25　农试 788 品种叶片图

（5）枝条粗大肥壮，生长速度快，容易产生粗大的营养枝，枝条树皮肥厚（图2-26）。

（6）花白色，花量多（图2-27、图2-28）。

图2-26　农试788品种枝条图

图2-27　农试788品种花序图

图 2-28　农试 788 品种花序图

（7）海拔偏高时坐果率偏高，鲜果的果皮腹缝线向左或向右呈弓形弯曲，看上去鲜果果皮一半多一半少，果顶突起顿圆（图 2-29、图 2-30）。

图 2-29　农试 788 品种果实图

壳果圆形但不圆滑，光泽度低，珠孔和种脐小，腹缝线呈线壮突起（图2-31）。

图 2-30　农试 788 品种果实图

图 2-31　农试 788 品种果实图

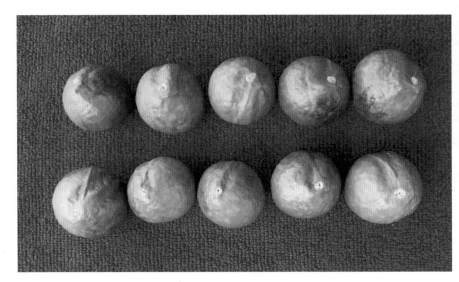

图 2-31　农试 788 品种果实图

4　农试 800 品种特性

（1）速生品种，耐贫瘠。适宜于热带、亚热带地区，海拔 450~900 m。

（2）树势属于伸展型，圆形树冠不抗风，树冠开张，整株树枝叶比较茂密（图 2-32）。

图 2-32　农试 800 品种树形图

（3）顶芽嫩叶淡绿色（图2-33）。

图 2-33　农试 800 品种嫩叶图

（4）叶片长形槽状，狭长且有波浪，整个叶缘都有刺（图2-34）。

图 2-34　农试 800 品种叶片图

（5）枝条分枝不规则，抽梢后枝条长得快，较长（图2-35）。

图2-35　农试800品种枝条图

（6）花白色，量多。

（7）鲜果大，果皮腹缝线向左或向右呈弓形弯曲（图2-36），看上去鲜果果皮一半多一半少，果顶位置突起顿圆。果皮较厚。壳果圆形但不圆滑，呈棕色，壳厚（图2-37）。

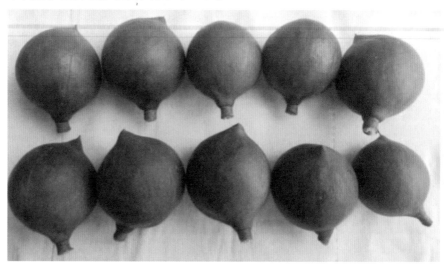

图2-36　农试800品种果实图

图 2-37　农试 800 品种果实图

5　农试 294 品种特性

（1）丰产、速生品种。适宜于热带、亚热带地区，海拔 800~1200 m。

（2）树势中等，圆形树冠不抗风（图 2-38）。

图 2-38　农试 294 品种树形图

（3）幼树顶芽嫩叶淡古铜色，嫩芽枝略带红色，稳定后呈绿色（图2-39~图2-41）。

图 2-39　农试 294 品种嫩叶图

图 2-40　农试 294 品种叶片图

图 2-41 农试 294 品种枝条图

（4）苗期和修剪后所发的新梢叶片狭长而带刺，波浪形；结果树枝条顶端的叶片短而叶尖呈圆形，叶缘少刺或无刺，叶片光滑油亮（图2-42）。

图 2-42 农试 294 品种枝条图

（5）枝条细长，灰白色。枝条材质脆嫩，含水量大。枝条生长较旺，营养枝多（图2-43）。

图2-43　农试294品种枝条图

（6）花白色。

（7）果实圆而大。挂果较晚，但后期产量高。壳果圆润深棕色，珠孔较小甚至看不到，与珠孔连接的腹缝线呈比较深的槽状（图2-44~图2-46）。

图2-44　农试294品种果实图

图 2-45　农试 294 品种果实图

图 2-46　农试 294 品种果实图

6　农试 344 品种特性

（1）丰产、速生品种，耐贫瘠。抗风性和抗寒性极强，适宜于热带、亚热带地区，海拔 1000~1500 m。

（2）树形直立而对称，树冠较窄，呈圆锥形（图 2-47）。

图 2-47　农试 344 品种树形图

（3）顶芽嫩叶绿色（图 2-48、图 2-49）。

图 2-48　农试 344 品种嫩叶图

图 2-49　农试 344 品种嫩叶图

（4）叶片狭长波浪形，顶端圆形；叶面光滑油亮，叶缘少刺或无刺，叶顶部上卷（图 2-50）。

图 2-50　农试 344 品种叶片图

（5）枝条健壮向上生长，分枝少而抽条多，分枝角度较小。新枝条呈灰白色，老枝条呈黑色。低海拔处容易抽生过多的营养枝（图2-51~图2-53）。

图2-51　农试344品种枝条图

图2-52　农试344品种枝条图

图 2-53 农试 344 品种枝条图

（6）花乳白色（图 2-54）。

图 2-54 农试 344 品种花色图

（7）鲜果大而圆，果顶基部较尖；珠孔较小，而与珠孔连接的腹缝线深且长（图2-55、图2-56）。

图 2-55　农试 344 品种果实图

图 2-56　农试 344 品种果实图

7 农试OC品种特性

（1）早实丰产稳产、速生品种。适宜于热带、亚热带地区，海拔600~1500 m。

（2）树势中等，阔圆形，树冠茂密而开张（图2-57）。

图2-57 农试OC品种树形图

（3）嫩芽略带红色，嫩叶呈绿色（图2-58）。

图2-58 农试OC品种嫩芽图

（4）叶色淡绿，叶缘无刺或极少刺，叶片波浪形稍反转。叶片容易从枝条上摘下（图2-59）。

图 2-59　农试 OC 品种叶片图

（5）枝条短，分枝能力强，柔弱扭曲而下垂（图2-60）。

图 2-60　农试 OC 品种枝条图

（6）花白色，花量多，花期长（图2-61、图2-62）。

图2-61　农试OC品种花色图

图2-62　农试OC品种花色图

（7）果实大，果皮光滑，色泽墨绿，成熟果不容易从树上脱落。壳果纺锤形，果脐小但比较突出，珠孔有时无法闭合（图2-63、图2-64）。

图 2-63　农试OC品种果实图

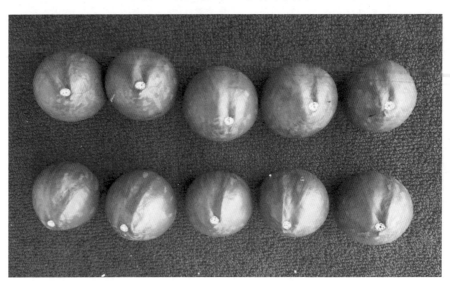

图 2-64　农试OC品种果实图

8 农试 H2 品种特性

（1）早实丰产、速生品种，抗寒性强。适宜于热带、亚热带地区，海拔 800~1500 m。

（2）树形直立而疏朗，生长势旺。管理水平较低时容易衰退，抗风性差（图 2-65）。

图 2-65　农试 H2 品种树形图

（3）顶芽嫩叶淡古铜色，嫩芽呈绿色（图 2-66）。

图 2-66　农试 H2 品种嫩叶图

（4）叶短而宽，叶片末端圆形，叶色淡绿，叶缘无刺或极少刺，叶片略呈波浪形（图2-67、图2-68）。

图 2-67 农试 H2 品种嫩叶图

图 2-68 农试 H2 品种叶片图

（5）枝条长而健壮，生长速度快，容易形成粗大的营养枝（图2-69）。

图 2-69 农试 H2 品种枝条图

（6）花白色，花量中等多。

（7）果实中等大，成熟果不容易从树上脱落；鲜果圆形，果顶位置较平，没有突起，果皮绿色，果皮难剥离；壳果棕色，会在珠孔的左边或右边下陷形成不规则的果形，果脐很大且与果皮粘连得较紧，很难完全脱落。果脐的左边或右边会留有一个胚珠败育后的深坑（图2-70~图2-73）。

图 2-70 农试 H2 品种果实图

图 2-71　农试 H2 品种果实图

图 2-72　农试 H2 品种果实图

图 2-73　农试 H2 品种果实图

9 农试695品种特性

（1）特早实、丰产稳产、速生品种，适宜于热带、亚热带地区，海拔800~1300 m。

（2）树冠圆形直立（图2-74）。

图2-74 农试695品种树形图

（3）顶芽嫩叶红褐色，叶脉红色（图2-75）。

图2-75 农试695品种嫩叶图

（4）叶片成熟后呈绿色，叶缘多刺。叶片直立向上生长，很难从枝条上摘下（图2-76）。

图2-76　农试695品种叶片图

（5）枝条粗壮而短，抽梢速度快（图2-77）。

图2-77　农试695品种枝条图

（6）花紫红色，花量多，每年开花时间较晚（图2-78、图2-79）。

图2-78　农试695品种花色图

图2-79　农试695品种花色图

（7）果实中等大，管理水平较低时也能结果，但果实偏小。鲜果褐绿色，鲜果和壳果表面都很粗糙，凹凸不平，果脐的左边或右会留有一个胚珠败育后的小深坑。成熟较晚（图2-80~图2-83）。

图 2-80　农试 695 品种果实图

图 2-81　农试 695 品种果实图

图 2-82 农试 695 品种果实图

图 2-83 农试 695 品种果实图

10 农试 A4 品种特性

（1）特早实、丰产稳产。适宜于热带、亚热带地区，海拔 600~1500 m。速生品种，抗寒性强，不耐贫瘠。

（2）树形开张疏朗，圆形。管理水平较低时容易衰退，抗风性强（图 2-84）。

（3）顶芽嫩叶淡红色或古铜色（图 2-85）。

图 2-84　农试 A4 品种树形图

图 2-85　农试 A4 品种嫩叶图

（4）叶片成熟后呈淡绿色，叶缘多刺。叶片难从枝条上摘下。叶多为3或4轮生。叶面平整有时略反转、有光泽，叶尖形状锐尖，叶基渐尖，叶缘波浪形（图2-86、图2-87）。

图 2-86　农试 A4 品种叶片图

图 2-87　农试 A4 品种叶片图

（5）枝条疏朗，略带淡红色，芽顶红色粗壮饱满（图2-88、图2-89）。

图2-88　农试A4品种枝条图

图2-89　农试A4品种枝条图

（6）花白色，花量多（图2-90、图2-91）。

图2-90　农试A4品种花色图

图2-91　农试A4品种花色图

（7）鲜果果实大，近似于OC果，壳果表面光滑，淡红棕色，果壳很薄；珠孔完全闭合，腹缝线较细且不明显（图2-92~图2-95）。

图 2-92　农试 A4 品种果实图

图 2-93　农试 A4 品种果实图

图 2-94　农试 A4 品种果实图

图 2-95　农试 A4 品种果实图

11　农试 A16 品种特性

（1）丰产、速生品种。适宜于热带、亚热带地区，海拔 600~1300 m。

（2）树形圆形，树冠直立。抗风性强（图 2-96）。

（3）顶芽嫩叶淡红色或古铜色（图 2-97）。

图 2-96　农试 A16 品种树形图

图 2-97　农试 A16 品种嫩叶图

（4）嫩叶颜色为绿色，叶片成熟后呈墨绿色，叶缘少刺。叶缘反转呈波浪形，叶尖形状为急尖（图 2-98）。

（5）枝条软而下垂或扭曲，略带淡红色，芽顶红褐色。

图 2-98　农试 A16 品种枝条图

（6）花白色，花期集中。

（7）果实中等偏大，果皮光滑，壳果椭圆形，淡棕色，珠孔完全闭合，腹缝线较宽呈明显的棕红色（图 2-99~ 图 2-102）。

图 2-99　农试 A16 品种果实图

图 2-100　农试 A16 品种果实图

图 2-101　农试 A16 品种果实图

图 2-102　农试 A16 品种果实图

12 农试660品种特性

（1）丰产、速生品种。适宜于热带、亚热带地区，海拔600~1300 m。

（2）树冠直立紧凑，呈深绿色。

（3）顶芽嫩叶古铜色，嫩叶尖端颜色更深，叶缘有刺（图2-103）。

图2-103　农试660品种嫩叶图

（4）叶缘波浪形，刺中等多，叶顶端呈圆形有时略尖。叶脉突出（图2-104~图2-106）。

图2-104　农试660品种叶片图

图 2-105　农试 660 品种叶片图

图 2-106　农试 660 品种叶片图

（5）花白色，花序短约 11 cm（图 2-107）。

图 2-107　农试 660 品种花色图

（6）坚果小，深棕色、光滑、圆形、缝线细小，圆形斑点集中在果脐一端，长形斑点靠近珠孔（图 2-108~ 图 2-110）。

图 2-108　农试 660 品种果实图

图 2-109　农试 660 品种果实图

图 2-110　农试 660 品种果实图

13　农试 741 品种特性

（1）丰产、速生品种。适宜于热带、亚热带地区，海拔 600~
1300 m。

（2）树冠直立紧凑，树型疏密适中（图2-111）。

图 2-111　农试 741 品种树形图

（3）顶芽嫩叶为古铜色，嫩叶尖端颜色更深（图2-112）。

图 2-112　农试 741 品种嫩叶图

（4）叶缘刺少，近叶柄处刺更多一些，叶顶部较尖（图2-113）。

图2-113　农试741品种叶片图

（5）枝条成熟或木质化后皮上有灰白色圆点小颗粒，枝条健壮，分枝量少（图2-114）。

图2-114　农试741品种枝条图

（6）坚果中等大小，果形圆而光亮（图 2-115、图 2-116）。

图 2-115　农试 741 品种果实图

图 2-116　农试 741 品种果实图

14　农试 900 品种特性

（1）丰产稳产、速生品种。适宜于热带、亚热带地区，海拔 600~1300 m。水肥要求高。

（2）树势中等，半阔圆形，树冠疏朗而开张度大。树势旺盛不抗风。

（3）嫩芽嫩叶颜色为深红色（图2-117）。

图2-117　农试900品种嫩叶图

（4）叶缘刺中等多，但是比较坚硬，叶片与枝条着生位置角度大，叶片向下弯曲或平行生长（图2-118）。

图2-118　农试900品种叶片图

（5）枝条健壮，分枝少，分枝角度大。树枝组织脆（图 2-119）。

图 2-119　农试 900 品种枝条图

（6）花粉红色或紫红色，开花量多（图 2-120）。

图 2-120　农试 900 品种花色图

（7）果实大，鲜果外皮不光滑，果柄和柱头着生的部位都比较长。壳果棕色、外壳粗糙，腹缝线较深较长（图 2-121、图 2-122）。

图 2-121　农试 900 品种果实图

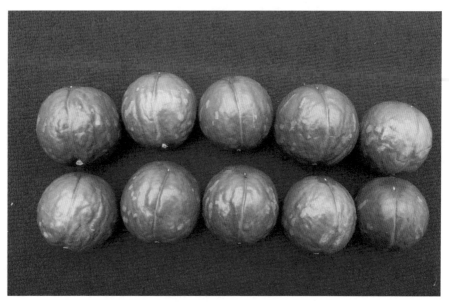

图 2-122　农试 900 品种果实图

15　农试广11品种特性

（1）丰产、速生品种。适宜于热带、亚热带地区，海拔600~1400 m。

（2）树冠直立紧凑，生长势旺，分枝角度小，分枝量少（图2-123、图2-124）。

图2-123　农试广11品种树形图

图2-124　农试广11品种树形图

（3）嫩芽为黄绿色，有光泽，无刺（图2-125）。

图2-125　农试广11品种嫩叶图

（4）枝条粗壮而长，节间短，健壮的营养枝向上生长势很强（图2-126）。

图2-126　农试广11品种枝条图

（5）叶缘刺少，叶尖较圆，叶片颜色为深绿色或墨绿色，表面光亮，叶缘无刺或极少刺（图2-127）。

图 2-127 农试广 11 品种叶片图

（6）果实中等大，青果圆形，外表颜色为深绿色，壳果外形较圆，果脐小（图2-128~图2-130）。

图 2-128 农试广 11 品种果实图

图 2-129　农试广 11 品种果实图

图 2-130　农试广 11 品种果实图

第三章 澳洲坚果种植技术分析

澳洲坚果，又称夏威夷果，是世界上最名贵的食用干果之一，享有"干果皇后"的美誉。澳洲坚果营养丰富，香脆可口，生熟食均可，可作为食用油和高档化妆品原料，目前国际市场供不应求。

一 澳洲坚果产业发展的基本情况

1 国际澳洲坚果产业概况

世界澳洲坚果种植主要分布在中国、南非、澳大利亚、肯尼亚和危地马拉等国家。据中国农垦经济发展中心（农业农村部南亚热带作物中心）、澳大利亚澳洲坚果协会、南非澳洲坚果种植者协会等统计，2019年世界澳洲坚果的种植面积约为607.6万亩，同比增长8.8%。其中，中国367.5万亩、南非67.2万亩、肯尼亚43.4万亩、澳大利亚42.0万亩和越南24.0万亩，分别占世界总面积的60.5%、11.1%、7.1%、6.9%和4.0%。

2 我国澳洲坚果的分布情况

据农业农村部农垦局统计，截至2019年全国澳洲坚果种植面积367.5万亩、收获面积93.8万亩，同比分别增长3.0%和50.8%。其中，云南种植面积330.0万亩、收获面积88.2万亩，分别占全国的89.8%和94.0%；广西种植面积36.6万亩、收获面积6.4万亩，分别占全国的10.0%和6.8%；贵州种植面积0.9万亩，占全国总面积的0.2%。

据国际坚果和干果理事会（INC）统计，世界坚果产量逐年上升，2017年世界澳洲坚果（果仁）产量为51800 t，其中，澳大利亚14100 t、南非13383 t、肯尼亚5795 t、美国4700 t和中国3920 t，分别占世界的

27%、26%、11%、9% 和 8%，合计约占世界的 80.8%。

3 国内澳洲坚果产业概况

我国澳洲坚果最早于 1910 年在中国台湾省台北植物园引进种植，未大面积栽培，自 20 世纪 90 年代开始商业化种植，现主要种植区有云南、广西和贵州等省（自治区），其中云南种植面积最大。

（1）种植面积

据农业农村部南亚热带作物中心统计，2017 年全国澳洲坚果种植面积 279.64 万亩、收获面积 35.89 万亩，其中，云南种植面积 260.98 万亩、收获面积 33.67 万亩，分别占全国的 93.33% 和 93.81%；广西 17 万亩、收获 2 万亩，分别占全国的 6.08% 和 5.57%；贵州 1.66 万亩、收获 0.22 万亩，分别占全国的 0.59% 和 0.61%。

（2）产量

2017 年，全国澳洲坚果（壳果）总产量 17230.5 t，较 2008 年的 1201.33 t 增长 13.34 倍，年均增长 34.43%。其中，云南 13585.5 t，占全国的 78.85%；广西 3500 t，占 20.31%；贵州 145 t，占 0.84%。2017 年全国澳洲坚果平均单产 48.01 kg/ 亩。其中，云南 40.35kg/ 亩、广西 175 kg/ 亩、贵州 66 kg/ 亩。

4 云南澳洲坚果发展概况

我省于 1981 年由云南省热带作物科学研究所首次引进澳洲坚果种子进行试种，1988 年和 1991 年又两次引进 8 个澳洲坚果品种开展试种，并取得成功。1993 年随着云南省"18 生物工程开发"的实施，澳洲坚果被列入首批"18 生物工程开发"项目，开始在西双版纳、临沧、德宏、普洱等地区推广种植。随着 20 世纪 90 年代种植的澳洲坚果投产，并取得良好的经济效益，2010 年后澳洲坚果的种植持续升温，在农业产业结构调整、大力发展高原特色农业和扶贫攻坚推动下，澳洲坚果在南部临沧、德宏、西双版纳、普洱、保山等 30 多个县的山区、贫困地区和边疆少数民族地区迅速发展，特别是 2013 年后每年新增种植面积超过25 万亩。

澳洲坚果是典型的南亚热带作物，云南热区雨量丰沛，热量充足，受台风影响小，具有发展澳洲坚果得天独厚的气候条件，据云南省热带作物科学研究所研究表明：我省适合种植澳洲坚果的区域面积约 3000 万亩。在全省最大的澳洲坚果生产基地——景洪市景哈乡连片 5400 多亩，22 年生产商品壳果达 1000 t，平均亩产达到 185 kg（澳大利亚平均 176 kg），达到国际先进水平。在未来的 5~8 年，随着云南大部分澳洲坚果园进入盛产期，云南澳洲坚果的产量将超过澳大利亚和南非位居世界第一。云南已成为全国，乃至世界澳洲坚果最大的种植区，被业界称为"世界坚果看中国，中国坚果在云南"。

（1）德宏澳洲坚果种植情况

截至 2017 年，德宏共发展澳洲坚果 33.3 万亩，投产面积 7.54 万亩，盛产面积 2.1 万亩，坚果总产量 813.5 万 kg，盛果期果园产量 180 万 kg，坚果产值达 13599 万元，其中：芒市 13.67 万亩，投产面积 1.93 万亩，盛产面积 0.6 万亩，产量 442.2 万 kg，盛果期果园产量 180 万 kg，产值 6190.8 万元；梁河县 0.15 万亩，暂没有投产；盈江县 18.08 万亩，投产面积 5.5 万亩，盛产面积 1.5 万亩，产量 369 万 kg，产值 7380 万元；陇川县 0.87 万亩，投产面积 0.1 万亩，产量 0.3 万 kg，产值 4.5 万元；瑞丽市 0.53 万亩，投产面积 0.01 万亩，产量 2 万 kg，产值 24 万元。

（2）西双版纳澳洲坚果种植情况

西双版纳傣族自治州位于我国西部最南端，全州面积 1.9 万 km²。全州林地面积 2467.5 万亩，占国土面积的 86.5%；全州森林面积达 2316.7 万亩（其中涉木类资源面积 887.3 万亩），有国家级、州级、县市级各类保护区面积 612 万亩，森林覆盖率达 80.79%。

目前西双版纳州共种植澳洲坚果面积达 18.1 万亩，澳洲坚果产业成效日趋明显，其中：景洪市 9.2 万亩，勐海县 4.1 万亩，勐腊县 4.8 万亩；种植品种主要有 H2、OC、344、246 等几个开花结果早、产量高、抗寒性强的品种；种植区域主要集中在海拔 900~1200 m 的山区，景洪市的大渡岗乡、勐旺乡以及勐海县的布朗山乡 3 个乡镇种植面积超过 6 万亩，且以荒山荒地种植、茶园套种两种种植模式为主；全州共有澳洲坚果种苗繁育苗圃 14 家，苗圃面积达 800 多亩，年出圃良种壮苗达 70 万株以上；全州进入盛产期的澳洲坚果面积约 2.4 万亩，年产商品壳果超 4300 t，年壳果产值达 6400 万元。

（3）临沧澳洲坚果种植情况

临沧位于云南省西南，因濒临澜沧江而得名，北回归线横穿辖区南部，澜沧江、怒江流经辖区东西两侧，国土面积 2.36 万 km²，其中，山区面积 97.5%。

近年来，在党和国家、省委、省政府的正确领导下，在省直有关部门的大力支持和帮助指导下，澳洲坚果取得了巨大的发展，到 2017 年，全市澳洲坚果种植面积达 227.89 万亩，挂果面积 26.1 万亩，产量 1.2 万 t，产值 6 亿元；全球澳洲坚果种植面积约为 436 万亩，其中临沧就达 227.89 万亩，约占全球种植面积的 52%。截至 2020 年，全市注册坚果加工企业 16 户，实际生产 13 户（精加工 5 户），设计生产能力 4.5 万 t，2020 年加工壳果 8931 t、果仁 322 t、油 1.2 t；全市澳洲坚果种植面积已超过 260 万亩，覆盖全市 8 县（区）7 个乡镇 564 个村 18 余万种植户 51 万人，农业产量 4 万 t，实现产值 20 亿元，带动建档立卡贫困户 6 万多户，24 万人实现脱贫，种植户月人均月收入达 2941 元。经过 30 多年的发展，临沧澳洲坚果的种植面积已占全世界一半以上，成为临沧等地区少数民族脱贫致富的重要经济来源。

二 澳洲坚果种植技术分析

1 繁殖技术

（1）播种繁殖

澳洲坚果的播种期一般在夏季，播种一般作嫁接苗。种子发芽率的影响因素主要是种子的品种、生理成熟度和处理方式等。不同品种发芽率有明显差异，不同品种的最高发芽率出现在不同的采播时期，有关研究表明采用赤霉素 100~500 mg/L 处理能极显著地提高澳洲坚果种子的萌发率，同时有利于苗木株高和茎粗的生长。

有关研究证明，桂热 1 号和 294 品种的种子萌发率和成苗率最高。先将果实脱壳挑选发育正常、颗粒饱满的种子，以人工脱皮为佳或者机械脱皮，用 DGT-A 型和 DGT-B 型干果多功能脱壳机脱壳对种子没有损伤，不影响种子发芽率。将种子放入苗床，萌芽处侧放，待萌芽时需要覆盖薄沙，淋透水和覆盖薄膜。期间需要注意光照、温度对幼芽的影响，可以用塑料棚控制光照，以实际气候状况控制浇水次数，一般 2 天左右开始出芽，以实际情况补充土壤养分。

（2）嫁接繁殖

澳洲坚果最适宜的嫁接时期为春季，其次为秋季。目前生产上普遍采用切接、合接和劈接的嫁接手法。

接穗选择直径 0.8~1.2 cm 的长势良好、生长健康的澳洲坚果幼苗或者保留 1 片完整叶的半木质化枝条，砧木多选择同一品种澳洲坚果的未出土或出土未展叶的芽苗，例如，在西双版纳州多采用 H2 和 D4 两个品种的种子培育砧木苗，现研究表明砧木直径为 0.90~1.29 cm 时嫁接成活率最高。嫁接前可以对接穗或砧木进行处理以提高成活率。例如，采用萘乙酸＋吲哚丁酸或细胞分裂素＋甲基托布津混合液处理接穗。

嫁接前后在保护好主根的情况下，需要适当遮阴和浇水。待嫁接后的植株长势健康、叶色浓密时，便可移栽到大田。

（3）扦插繁殖

云南扦插一般选择夏季 7 月，温度适宜。插穗选择成活率高的品种，例如 344、660、741 等，一般采用短穗或绿枝扦插，合理采用不同的生长调节剂对插穗进行处理可以提高成活率和生根率，例如，赤霉素、吲哚丁酸、维生素 B_1 和甲基托布津。插穗枝条上应该保留 3~4 个幼芽，穗剪口距上芽应为 0.5 cm，距底芽约为 1 cm，剪切的角度应与水平面呈 45°，45° 的剪切口是枝条之间最适宜的接触角度，利于水分运输。

注意事项：插穗采摘的最佳时间是早上，其预处理最好在同一天完成，期间保持水分，防止失水降低成活率；一些试验表明，IBA 和 NAA 两种激素处理插穗提高成活率的效果较好；扦插基质一般选用结构疏松、通气良好、能保持稳定土壤水分的沙质土壤，需要提前消杀灭菌，减少插穗的病菌感染率；扦插后保持空气湿度和插壤湿度适中，注意光照调节遮阴。

（4）组织培养

采用澳洲坚果健康植株的部分组织作为外植体，例如，种子或者带芽茎段，以 MS 为基础培养基，配以不同浓度的生长激素（BA、G_{A3} 等），在适宜的条件下培养一定时间，可获得生长健康、根系健壮的组培苗。组织培养繁殖系数大、脱毒培养等优点可以有效补充播种、嫁接、扦插繁殖技术的不足。

（5）压条繁殖

压条繁殖具有继承亲本优良特性，操作简单和开花早等优点，澳洲坚果运用压条繁殖现阶段较少。选用空中压条，压条枝条应选用健康母树的树冠中部外围生长充实健壮的 1~2 年生枝条；将枝条环割，环剥部位直径不超过 3 cm；再将环剥部分用土裹上，外用薄膜包扎，上下两头捆紧，包裹的土壤基质选用林下腐殖质土搅拌成稠浆，以能捏成团为准。用 ABT-1 涂抹澳洲坚果枝条的环剥口对澳洲坚果生根有促进作用，不同品种的压条成活率具有明显差异，有研究证明生根率最高的是桂热 1 号。压条处需要浇水保持泥土湿润，待其长出新株后与母株分离栽植。栽植的新植株，移植后应注意灌水、施肥、遮阴和防寒等工作。

2 栽培技术

（1）澳洲坚果生长习性

澳洲坚果是原产于澳大利亚热带雨林地区的多年生乔木，喜热，适于中国的热带或亚热带地区生长。澳洲坚果根系浅，抗风能力较弱，根系对土壤养分的吸收能力也较弱；忌旱怕涝，具有明显的自交不孕性。成果时间一般为 3~4 年，其在每年的 2~4 月开花。

（2）选地

澳洲坚果适宜生长在年降水量为 1000~2000 mm、年均温 10~30℃、土壤深厚、肥沃疏松、排水良好、土壤 pH 4.5~6.5、地下水位一般在 1 m 以下的山地坡地。海拔地区适宜选 800~1200 m、坡度 ≤ 25° 背风向阳的地块。

云南省具备澳洲坚果生长的优良环境，现阶段澳洲坚果的种植区域遍布省内主要热区，例如，临沧、德宏、西双版纳、红河等地。

（3）整地

首先进行种植地规划，清洁种植地上的杂草杂树，平缓地将土地开垦成畦地，坡地则将其修整为等高梯地，做好排水沟和灌溉系统，考虑到种植地的土地利用率可以选择适宜的短期作物进行间作；改良土壤，深翻土地消杀灭菌灭虫害，混肥增加土壤肥力；一般采用穴式定植法，挖栽植穴（长深宽均 80 cm），株距 4~5 m、行距 6~8 m，种植密度以 17~28 株 / 亩为宜，具体情况具体分析；定植前要进行回表土，在穴底填入 20 cm 左右的表土和有机肥的混合土。

（4）选种

首先明确各不同品种澳洲坚果的生长特点及习性，选择适宜在当地生长的品种。云南省适宜种植的品种有 800、H2、294、OC、农试 2466、农试 3447、农试 5088、农试 6609、农试 74110、农试 78811、695。澳洲坚果具有自交不孕性，需要选择同主栽品种相应的配置品种交叉混种，配置品种和主栽品种的比例以 1∶3 为最佳。

（5）育苗

选取发芽率高的品种的健康母树果实，脱壳挑选饱满无损的种子进行保湿育苗。育苗期间待种苗长 2~3 片叶子的时候注意除草，除草忌破坏种苗根系。种苗生长到一定程度用育苗袋包裹，可用作繁殖苗或栽植苗。

（6）定植时间与方法

适宜在当地雨季、穴土湿透后定植，最迟不超过 8 月上旬。忌在烈日下或大雨天定植。

定植前，剪去育苗袋外裸露根系。定植时，在穴面中心挖一个坑，坑的深度以大于育苗袋的高度为宜，去除育苗袋（注意保护根系），保持苗体垂直地面，填土时用手分层轻轻压实，使土壤与根系接触良好，不应提苗或脚踏压实，定植深度以不埋叶或露根为宜。栽苗时应将多个无性系顺序打乱或间隔栽植，以提高坐果率。定植后浇足定根水，并用干杂草覆盖树盘，保水的同时可减少杂草生长，定植苗木较大时，应及时固定苗木，防止其因倒伏松根而降低成活率。

（7）栽后管理

①水。缺水影响开花授粉，增加落果率，使果实油分增加，导致果仁质量下降；水涝会抑制果树有氧呼吸，使根部无氧呼吸增加导致中毒。定植后注意保湿，完善灌溉排水系统；地势低洼、地下水位高以及土壤

透气性差的地方要注意完善排水沟；雨季结束后及时维护环山带和排水沟，保持带面平整、内倾和排水沟顺畅。

②肥。定植 1~4 年的果树称为幼树，5 年以上称为结果树。

幼树主要满足其营养生长，施氮肥配以磷钾肥，顺应树梢的生长期施肥，抽梢期间施肥两次最佳。施肥时，在树冠滴水线外 30 cm 以内，至少与根茎保持 20 cm 半环树或全环树挖宽 25~30 cm、深 20~30 cm 的施肥沟，将肥料均匀撒施沟内，与沟中土拌匀，并覆土。有机肥可在 10 月与复合肥拌匀后一起施用。

结果树主要保障营养生长和生殖生长养分充足，施磷钾肥配以氮肥，一般在 2~3 月施花前肥，4~5 月施壮果肥，9~10 月施采后肥。台面采用条沟施肥，宜在株间中部位置挖施肥沟，根据树体大小，施肥沟规格（长 × 宽 × 深）为：（120~150 cm）×（25~40 cm）×（20~30 cm），施入肥料后封土。

施肥量要随果树年龄逐年增加，除氮磷钾肥、复合肥，还要定期施农家肥，开花结果期间，以实际情况需要追加根外施肥和叶面肥。

③病虫草害。澳洲坚果的主要病害是茎干溃疡、花疫病、速衰病等。速衰病表现为花萼上出现小斑点，然后花朵花序逐渐枯萎；防治手段是修树盘时用 2.67% 黄腐酸钾（黄腐酸 ≥ 50%，氧化钾 ≥ 12%）+0.67% 根腐宁 +2% 尿素灌根。叶枯病是一种常见病，表现为病菌从叶片尖端或者叶片边缘入侵，然后整片叶子从尖端或者边缘逐渐枯萎，形成病斑，导致树叶枯死，该病传染性很强；防治方式主要是化学防治，可使用代森锰锌等化学药物喷洒叶片。在澳洲坚果每年长出新芽期间，需要做好预防叶枯病的措施，每月喷洒 1 次或者 2 次代森锰锌 400 倍液。溃疡病表现为初期树木树干表皮破裂，从中渗透出棕红色液体，有的树干呈裂纹状，有的逐渐发展为斑块状，汁液也从棕红色转变为棕黑色；防治方法为去除已经死亡的部位，涂抹氧化铜泥浆，包扎伤口，并用甲霜灵消毒剂进行消毒杀菌。

主要虫害包括星天牛、蛀果螟、粉蚧、稻缘蝽、澳洲坚果绒蚧、花蝽、荔枝异型小卷蛾等。鼠害是影响澳洲坚果果实品质的直接"元凶"，还会危害苗床催芽期的幼苗。因此，必须及时清除果园内的杂草，确保园区的清洁，做好树枝的修理工，定期捕鼠。

要根据澳洲坚果树木的实际生长状态及病虫害表现，积极贯彻"预防为主，综合防治"的植保方针，采用生物与农业相结合的防治技术，必要时合理的喷洒农药及杀虫剂，减轻病虫害。

果树根系浅需要定期除草和覆盖。每年需要除草3~4次，保持树冠滴水线以外的30cm范围内无杂草，除草期间除草剂忌沾染果树，防止药害。

④整形修剪。整形修剪是为了澳洲坚果树形成良好的树形，协调营养生长和生殖生长的关系，提高产量和品质，减少病虫害，增强抗风能力。

整形修剪一般在每年的5月和9月。幼树和结果树的整形修剪不同。幼树首先要进行整形，形成具有主干的塔形树，一般在定植后幼苗长至70 cm左右时进行打顶或短截，并确定最粗壮的抽枝作为澳洲坚果的主干，在主干附近，每隔40 cm左右留下一个分支。幼树修剪以疏枝和疏叶为主，当主干高度超过一定程度时，需要进行截顶，减少顶端优势。结果树需要剪去交叉重叠枝、徒长枝、枯枝、病虫枝、寄生枝以及内堂的丛生枝和收获后遗留在结果枝上的果柄轴；开花结果期间疏花疏果，协调养分合成运输，提高成花率和坐果率，达到丰产的目的。

⑤花果管理。自然条件下依靠风媒、虫媒的自然授粉率较低，在生产上需要增加人工授粉，提高坐果率，一是可以放置蜂箱，增加虫媒授粉；二是采摘良好花枝，人工抖动得到花粉，用水稀释花粉，采用喷洒的方式进行人工授粉。自然灾害来临前做好保花保果的措施，开花前施加叶面肥可提高花的质量，花谢后及时追复合肥可提高果实质量。

⑥土。定植后注意中耕松土，灌水后中耕松土使土壤保持疏松，松土时及时清理杂草，同时合理控制翻耕深度，促进调温保墒。

3 采收和初加工

（1）采收前准备

采收始期前7 ~ 14天将果园内枯枝落叶、杂草、未成熟落果、霉烂果等清理干净，同时定期捡拾地面成熟落果，至少每10天捡拾一次；进入采收始期后，至少每7天捡拾一次。

（2）采收时间

采收期集中在 9 月上旬（白露之后）至 11 月中旬，坚果一般在开花后 32 周（220~230 天）左右成熟。开始采收的标志是 90 % 以上的果实内果皮为深褐色，约 10 % 的果实自然成熟掉落到地面，果壳坚硬、果仁饱满、果皮易剥离、气味清香是果实成熟的最佳采收期。依据成熟程度先后采摘，不同品种的成熟度也不一致，不宜提前采果，但可以喷施适宜浓度的乙烯利促进落果，提高采收效率。

采收不宜在阴雨天或者雨后初晴时进行。

（3）采收方法

①人工采收法。人工使用采果钩将成熟的总苞钩落收集，适宜在不平坦的山坡地或规模较小的果园中使用。但使用其他不当方式收集熟果，容易造成果树枝叶受伤，严重影响翌年果实产量。

②机械振动采收法。在果实可采收前 2 周，对坚果果树喷施 500 倍乙烯利进行人工催熟，再选择合适时机，采用机械振动树干将果实振落，再进行收集。该方法适用于大规模种植、机械程度较高而又平坦的果园。但此方法会造成叶片早期脱落，会在一定程度上影响果树的正常生长。

（4）采收后处理（初加工）

①脱皮。采收后的果实第一步是脱果皮，尽量在 24 h 内脱果皮，然后清洗干净壳果，24 h 内无法脱皮的应该放置于干燥、通风、阴凉处，并且尽快脱去果皮。有人工脱果皮法和机械脱果皮法两种。人工用橡胶垫、树桩或其他工具将带皮果固定，用木槌或橡胶锤敲击带皮果，去除果皮。用分级机过筛去除果实直径 25 mm 以下的带皮果，将筛出的果实再过筛分为 25~28 mm、29~33 mm、> 33 mm 三个等级，并用脱皮机去除果皮。

②分拣。去除果皮后，人工分拣去除缺陷壳果、果皮及脱皮不彻底的带壳果。

③清洗干燥。分拣完毕的鲜壳果放置清水中进行水浮检，剔除漂浮果、浮渣，再不断翻洗，至果壳无果皮及其他附着物。

鲜壳果采用滚筒式毛刷清洗机清洗，清洗后的鲜壳果先沥干、再用冷风吹干带壳果表面水。清洗后的鲜壳果应表面光滑、完整、清洁，缺陷壳果比例≤ 5%。

通过晾晒的自然风干（7天）或者放置干燥仓中烘干至要求的标准含水量。

注意：脱青皮后，不同品种澳洲坚果的烘干时间不同，混合果烘干后水分差异较大，对后续加工工艺有着较大的影响。H2 果壳厚度均匀，在开口过程中黏壳和裂壳较少，适合作为开口产品的原料；控制果仁水分在 2% 左右，适宜选取 344 作为果仁产品的原料。

④入库贮藏。一般分为普通室内贮藏法和低温贮藏法。贮藏少于两个月的放置于干燥、阴凉、通风的室内贮藏，注意防霉变、防虫害，严禁与有毒有害和有异味的物品混放；贮藏多于两个月的需要放置 0~4℃低温冷库中冷藏。自然风干壳果贮藏期不应超过 6 个月，烘干壳果贮藏期不应超过 12 个月。

4 产业化进程

澳洲坚果被誉为"坚果之王"，含油量 70% 左右，蛋白质 9%，还含有丰富的钙、磷、铁、维生素 B_1、维生素 B_2 和氨基酸，其经济价值、药用价值、食用价值都很高，除制作干果外，还可制作高级糕点、巧克力、食品配料、食用油、药用油、化妆用品等。一般初加工就是以原味坚果果仁作为产品售卖。深加工产品有澳洲坚果粉、乳饮料、食用油、饼干等零食，还有澳洲坚果果壳这类附加产品，例如，用澳洲坚果壳制备活性炭、提取色素多糖总黄酮等有效成分制作护肤品、化妆品等产品。澳洲坚果的不同部位化学成分具有差异，也可作为开发利用的新方向，如澳洲坚果的花、叶，可开发为茶产品或者精油；澳洲坚果壳是一种硬质材料，主要成分为纤维素和木质素，因此具有很好的吸附作用，可以制成活性炭类吸附作用的产品；青皮提取物可用作杀虫剂、除草剂及抗氧化剂的开发资源，等等。

目前为止，我国澳洲坚果以初级加工为主，深加工产品所占的市场份额小。制约澳洲坚果精深加工利用的因素可能有：①化学成分不明确，导致无法对澳洲坚果资源进行精准加工利用；②精深加工技术不健全，不能大量制备活性物质；③澳洲坚果果仁中富含不饱和脂肪酸，容易受环境影响而出现品质下降。云南省澳洲坚果主要种植区域集中在临沧、德宏、西双版纳、普洱和保山等市（州），其中的产业化进程任务艰巨，对澳洲坚果良种选育、丰产栽培、采收与利用加工等关键技术问题，还缺乏深入细致的研究，科技成果转化率不高，需要加强产品研发，开展精深加工。

第四章 澳洲坚果中国潜在适生区研究

一 技术方法

IPCC（联合国政府间气候变化专门委员会）历次评估报告均代表当时人类对气候变化的最新认知水平，是国际社会应对气候变化行动的主要科学依据。与 AR5（IPCC 第五次评估报告）相比，AR6（IPCC 第六次评估报告）以更多、更强有力的证据，进一步证实近百年全球气候变暖的事实。人类活动对气候系统影响的证据也更加充分，信号更为清晰。人为影响已经使得大气、海洋、陆地增暖，这一结论毋庸置疑。在 AR6 考虑的所有情景下，全球气候变暖趋势至少在 21 世纪中叶前仍将继续。全球增暖幅度越大，气候系统的许多变化将加剧。气候变化影响世界各地的许多生态系统和生物群，包括目前许多物种的分布。生物气候建模方法包括建立一个基于统计或机器学习的模型，该模型将一个物种的当前分布与当前的气候联系起来，然后利用这种关系来预测基于未来气候预测的潜在未来范围。未来的气候变化会加速物种的分布，根据生态位模型（ENMs：ENM 是模拟物种空间分布、评估生物对气候变化的潜在反应以及基于环境变量确定物种生态位的经验工具。）预测物种的潜在分布可以提醒科学家和决策者未来气候变化将对生物多样性构成威胁的潜在风险，并帮助他们提出积极的应对策略以减轻气候对生物多样性变化的影响。在各种 ENM 中，最大熵（MaxEnt）算法具有相对较高的预测精度，同时使用少量数据根据环境变量确定物种发生率，ROC 曲线分析法在物种潜在分布预测模型评价中的应用越来越广泛。艾拉努尔·卡哈尔、王鹏军、逯永满、袁祯燕、买买提明·苏来曼等使用 MaxEnt 模型对木灵藓科木灵藓属、显孔藓属、多胞藓属在新疆的 125 个地理采集样点和 19 个环境气候因子，用 MaxEnt 模型预测其适生区分布，分析各个环境因素对其适生区范围的影响，并在未来气候情境下模拟其分布情况，以期通过对这三属的研究，更好地认识气候变化对不同气候适应特点的苔藓植物分布的影响；杨康、赵湘培、张恂、朱丹等利用 MaxEnt 模型对蒙药白益母草基原植物脓疮草进行适宜性分布研究；袁智文等利用 MaxEnt 模型构建了华南梅花鹿栖息地适宜性模型；为实现丹参资源的可持续利用，避免盲目引种扩种带来的经济损失，高铭、倪淑萍、沈亮等人利用 MaxEnt 模型对丹参的全球潜在生态适宜产区进行分析；张彦静、马方舟、徐海根、范靖宇、孙红英、丁晖基于 MaxEnt 模型的细足捷蚁在我国的适生区分析结果表明，细足捷蚁预测中具有高适生性的区域均已成功入侵，一方面说明 MaxEnt 模型在细足捷蚁入侵分布预警预测中的有效性，另一方面说明细足捷蚁在我国的入侵性较强、入侵态势严峻，值得有关管理部门重视。此外，在预测结果为中度适生的区域，如贵州、湖南西北部、四川东南部等，应加强细足捷蚁的调查与监测，对其扩散前沿及时进行阻隔并积极开展防控。

目前，国内澳洲坚果的研究大多集中在对其种植、栽培技术、相关产品的制作与研制等方面，对于中国各地澳洲坚果的潜在分布预测处于空白状态。本研究通过收集和筛选澳洲坚果地理分布信息，结合相关环境数据，利用 MaxEnt 模型对在不同环境条件下澳洲坚果在云南省的潜在地理分布变化进行预测，旨在研究以下问题：①现代气候条件下澳洲坚果在中国的潜在地理分布，并以此为依据探究澳洲坚果的潜在地理分布与环境因子的关系，探究气候变化情景下澳洲坚果潜在地理分布，讨论不同情景下限制澳洲坚果潜在地理分布的重要环境因子；②未来气候变化情景（全球气候变暖背景）下，澳洲坚果在中国各个省份（重点研究此物种在云南省的未来适生区面积变化）潜在分布区的地理变化。本研究对澳洲坚果的空间分布进行预测、预报，对有效促进相关地区脱贫攻坚和促进相关地区经济增长、缓解"三农"压力等方面起着重要的作用，对中国部分地区制定合理的种植方案具有重要意义。

1 物种分布数据

澳洲坚果的发生数据以下列方式获得：①中国国家标本资源平台（National Specimen Information Infrastructure，NSII）中国数字植物标本馆（Chinese Virtual Herbarium，CVH）以及查阅图书资料等统计发生数据点，获得全球澳洲坚果发生数据点共计 84 个，其中中国澳洲坚果分布数据点占 63 个。②全球生物多样性信息网络（Global Biodiversity Information Facility，GBIF）。基于上述收集到 87 个分布数据，本研究从空间上筛选了澳洲坚果的分布数据，同时在 ArcGIS 10.7 中将地形数据和气候数据进行重采样为单元格大小为 1 km 以便于进行后续分析，以确保每个网格中只有一条记录。剔除产地有误或重复的样点，最终得到 50 个有效的中国澳洲坚果发生数据记录，其中云南省有效数据 22 个。

2 环境变量数据

根据社会经济发展与环境气候的关系，SSPs 将未来社会发展分为了 5 种路径。可持续发展路径（SSP1），社会以平稳的速度发展，不均衡性最小，环境改善方面取得极大进步；中度发展路径（SSP2），各国家在能源消耗和环境改善方面取得一定进步；区域竞争路径（SSP3），全球经济中等速度增长，人口迅速增长，消耗和环境改善方面进步缓慢；不均衡发展路径（SSP4），主要能源消耗区域技术发展和环境改善进步较快，其他区域发展缓慢，各地区经济发展相对孤立；传统发展典型路径（SSP5）以化石燃料为主的发展路径，经济迅速发展，偏好传统的快速发展，空气污染等方面的形势更加严峻。本文初步选择了 19 个可能影响澳洲坚果空间分布的环境变量：气候数据来源于全球气候数据库（https://www.worldclim.org/），获得 19 个生物气候变量（表 4-1），空间分辨率为 30 arc-seconds，未来环境数据采用了联合国政府间气候变化专门委员会（Intergovernmental Panel on Climate Change，IPCC）提供的共享社会经济路径（Shared Socioeconomic Pathways，SSPs）中的可持续路径、中度发展典型路径的情景（SSP2-4.5）和传统发展典型路径的情景（SSP5-8.5）。本研究选取 HadGEM3-GC31-LL 全球未来气候模式 2021 年至 2040 年的 3 种生物气候情景（SSP126、SSP245、SSP585）作为未来气候情景并进行比较分析。环境变量采样为 30 s 的空间分辨率，许多环境变量在空间上是相关的，这可能导致预测过度拟合。因此，用斯皮尔曼的相关系数来研究环境变量中因子之间的相关性。如果系数为 $b<0.75$，则保留环境变量；如果系数为 $b>0.75$，则保留其中生态意义较强的环境变量。

表 4-1　气候变量名称及描述

代码	描述	代码	描述
BIO1	年均温	BIO11	最冷季度平均温度
BIO2	昼夜温差月均值	BIO12	年均降水量
BIO3	等温性	BIO13	最湿月降水量
BIO4	温度季节性变化标准差	BIO14	最干月降水量
BIO5	最暖月最高温	BIO15	降水量变异系数
BIO6	最冷月最低温	BIO16	最湿季度降水量
BIO7	年均温变化范围	BIO17	最干季度降水量
BIO8	最湿季度平均温度	BIO18	最暖季度降水量
BIO9	最干季度平均温度	BIO19	最冷季度降水量
BIO10	最暖季度平均温度		

3　模型预测及估计

将中国澳洲坚果分布点数据保存为"物种＋经度＋纬度"的 csv 格式文件，将澳洲坚果样本数据和不同场景下的环境数据以 asc 格式导入 MaxEnt 模型中（MaxEnt 3.4.1）作为环境因子图层数据，定义结果输出的位置以及环境因子图层位置。为了确定影响澳洲坚果分布的关键环境因子，随机选择 75% 的澳洲坚果分布点数据作为训练集数据，其余 25% 的数据作为测试集数据，进行 5 次重复，并对重复运行进行了交叉验证，以保证模型的准确性，使用刀切法（Jackknife）计算环境变量对澳洲坚果分布的影响，选用 AUC 值评价物种潜在分布预测模型精度，最终得到各气候环境因子的响应曲线。采用非阈值依赖判断方法类中的受试者工作特征曲线（receiver operating characteristic curve，ROC）对 MaxEnt 模型运算结果进行检验，AUC 值从 0 到 1 不等，AUC 值高表示优越，预测效果的表现分为差（0~0.6）、较差（0.6~0.7）、一般（0.7~0.8）、较好（0.8~0.9）

和极好（0.9~1）。将 MaxEnt 模型生成的数据导入 ArcGIS 制图软件中，采用平均间隔法将适宜度分为 4 级，分别为高适生区、中适生区、低适生区和不适生区。统计各级栅格数量计算各适生区的面积。

4 适生等级划分和主导环境因子分析

参照 IPCC 报告有关评估可能性划分方法，并结合澳洲坚果实际分布情况，将澳洲坚果潜在地理分布划分为不同等级及相应分布范围，划分标准为：存在概率 < 0.05 为不适生区；$0.05 \leq$ 存在概率 < 0.33 为低适生区；$0.33 \leq$ 存在概率 < 0.66 为中适生区；存在概率 ≥ 0.66 为高适生区。综合 Jackknife 检验、贡献率和置换重要值分析结果确定影响澳洲坚果适生分布的主导环境变量，根据澳洲坚果潜在分布概率在不同主导环境变量中的响应曲线，获得不同分布等级下主导环境因子的贡献率。

二 结果与分析

1 MaxEnt 模型精度评价

采用刀切法来检验各变量对分布增益的贡献，选用 AUC 值评价物种潜在分布预测模型精度，同时绘制各气候因子的响应曲线。AUC 值越接近 1，环境变量与预测的物种地理分布之间的相关性越大，即模型预测的结果越准确。基于 MaxEnt 模型建模重复运行 3 次后得到的训练数据 AUC 值在 0.878~0.888，测试集 AUC 值在 0.824~0.836，见表 4-2。根据 AUC 值的评估标准，模型预测的准确性达到"较好"，表明模型能较好地拟合澳洲坚果物种分布数据，其预测结果可信。

表 4-2　不同气候场景下 AUC 值及标准差

情景	训练 AUC	测试 AUC	标准差
目前	0.887	0.833	0.103
SSP126 2040	0.883	0.824	0.035
SSP245 2040	0.888	0.826	0.072
SSP585 2040	0.878	0.836	0.082

2　环境变量对澳洲坚果分布的影响

利用 Jackknife 检验可以评估环境变量对预测结果的影响程度，从而判断不同变量对澳洲坚果潜在分布的重要性。Jackknife 检验结果如表 4-3 所示，影响澳洲坚果在适生区分布最主要的环境变量由高到低依次为最冷季度平均温度（BIO11），累计贡献率为 34.5%；最湿月降水量（BIO13），累计贡献率高达 31.7%；年均温（BIO1），累计贡献率为 9.8%；昼夜温差月均值（BIO2），累计贡献率为 7.2%；降水量变异系数（BIO15），累计贡献率为 6.2%；5 类环境变量累计贡献率高达 89.4%，其余变量贡献较小。

表 4-3　影响澳洲坚果环境变量重要性的刀切法检验

环境变量	贡献率（%）	排列重要性（%）	环境变量	贡献率（%）	排列重要性（%）
BIO11	34.5	44.8	BIO12	0.8	1.8
BIO13	31.7	16.4	BIO18	0.4	7.5
BIO1	9.8	0	BIO5	0.2	6.9
BIO2	7.2	1.3	BIO19	0.2	0.4
BIO15	6.2	3.4	BIO7	0	0.3
BIO9	3.4	0.1	BIO6	0	0
BIO3	2.5	0.7	BIO8	0	0
BIO16	1.3	0	BIO14	0	0
BIO4	1	8.9	BIO17	0	0
BIO10	1	7.5			

3　当前气候下澳洲坚果在中国的潜在分布区

澳洲坚果在当前气候情境下的高适生区面积约为 157734.99 km²，占研究区总面积的 1.66%；中适生区面积约为 162482.22 km²，占研究区总面积的 1.71%；低适生区面积为 185764.11 km²，约占研究区总面积的 1.96%。

高适生区（0.66~1）主要分布在云南省西南部地区，西双版纳傣族自治州的勐腊县、景洪市、勐海县等地区，普洱市的思茅区、孟连、西盟等地区，临沧市的永德县、镇康县、耿马县等地区，德宏傣族景颇族自治州的潞西市、陇川县等地，玉溪市与红河哈尼族彝族自治州的元江河谷等流域，李仙江河谷地区，楚雄彝族自治州有小片区域分布，尚在河谷地区；广西壮族自治区西南部如百色市、崇左市等、广东省西南部茂名、湛江、阳江、雷州半岛等；台湾省嘉义、高雄等东部地区；少部分分布于四川省、西藏自治区、香港特别行政区、澳门特别行政区和海南省等地区。

中适生区（0.33~0.66）和低适生区（0.05~0.33）在上述地区均有零星分布，其中中适生区多沿高适应区边缘依稀呈带状分布，低适应区范围相较于高适应区分布范围大。

4　当前气候下澳洲坚果在云南的潜在分布区

当前气候情景下，澳洲坚果在中国西南部中云南省的高适生区范围分布最广，面积可达 27933.30 km²，约占全国高适应区的 45.65%，其中涉及县份东川区、禄劝彝族苗族自治县、瑞丽市、芒市、梁河县、盈江县、陇川县、景洪市、勐海县、勐腊县、思茅区、宁洱哈尼族彝族自治县、墨江哈尼族自治县、景东彝族自治县、景谷傣族彝族自治县、镇沅彝族哈尼族拉祜族自治县、江城哈尼族彝族自治县、孟连傣族拉祜族佤族自治县、澜沧拉祜族自治县、西盟佤族自治县、泸水市、宾川县、弥渡县、南涧彝族自治县、巍山彝族回族自治县、云龙县、鹤庆县、麻栗坡县、马关县、富宁县、个旧市、开远市、蒙自市、屏边苗族自治县、建水县、石屏县、元阳县、红河县、金平苗族瑶族傣族自治县、绿春县、河口瑶族自治县、楚雄市、双柏县、牟定县、南华县、大姚县、永仁县、元谋县、武定县、临翔区、凤庆县、云县、永德县、镇康县、双江拉祜族佤族布朗族傣族自治县、耿马傣族佤族自治县、沧源佤族自治县、永胜县、华坪县、巧家县、隆阳区、施甸县、龙陵县、昌宁县、腾冲市、易门县、峨山彝族自治县、新平彝族傣族自治县、元江哈尼族彝族傣族自治县、会泽县。

中、低适生区范围共计约 109318.10 km²，占全国相应适生区范围的 43.42%，涉及云南省县份香格里拉市、东川区、晋宁区、富民县、宜良县、禄劝彝族苗族自治县、寻甸回族彝族自治县、瑞丽市、芒市、梁河县、盈江县、陇川县、景洪市、勐海县、勐腊县、思茅区、宁洱哈尼族彝族自治县、墨江哈尼族自治县、景东彝族自治县、景谷傣族彝族自治县、镇沅彝族哈尼族拉祜族自治县、江城哈尼族彝族自治县、孟连傣族拉祜族佤族自治县、澜沧拉祜族自治县、西盟佤族自治县、泸水市、福贡县、兰坪白族普米族自治县、大理市、漾濞彝族自治县、祥云县、宾川县、弥渡县、南涧彝族自治县、巍山彝族回族自治县、永平县、云龙县、鹤庆县、文山市、砚山县、西畴县、麻栗坡县、马关县、丘北县、广南县、富宁县、个旧市、开远市、蒙自市、弥勒市、屏边苗族自治县、建水县、石屏县、泸西县、元阳县、红河县、金平苗族瑶族傣族自治县、绿春县、河口瑶族自治县、楚雄市、双柏县、牟定县、南华县、姚安县、大姚县、永仁县、元谋县、武定县、禄丰县、临翔区、凤庆县、云县、永德县、镇康县、双江拉祜族佤族布朗族傣族自治县、耿马傣族佤族自治县、沧源佤族自治县、古城区、玉龙纳西族自治县、永胜县、华坪县、宁蒗彝族自治县、昭阳区、鲁甸县、巧家县、永善县、隆阳区、施甸县、龙陵县、昌宁县、腾冲市、红塔区、澄江县、通海县、华宁县、易门县、峨山彝族自治县、新平彝族傣族自治县、元江哈尼族彝族傣族自治县、师宗县、罗平县、会泽县。

当前气候情景下，澳洲坚果各等级适生区除在昆明市、曲靖市、昭通市和迪庆州无分布以外，在其他州市均有分布（表4-4）。高适生区在云南省主要分布在西双版纳傣族自治州，分布面积最大可达14044.00 km²，约占本州面积的63.83%，其次是临沧市（7954.00 km²），约占该市面积的28.16%，次之是德宏州（27.90%），面积为3728.00 km²；中适生区面积主要分布于晋洱市（51.40%）、德宏州（39.18%）、西双版纳州（35.34%）和临沧市（22.54%）。

表4-4　各州市澳洲坚果适生区分布区域面积比例

云南省州市	高适生区在该州面积（km²）	高适生区占该州面积比例（%）	中适生区在该州面积（km²）	中适生区占该州面积比例（%）
昆明市	0.00	0.00	0.00	0.00
曲靖市	0.00	0.00	0.00	0.00
玉溪市	425.00	2.37	1295.00	7.22
保山市	1176.00	5.08	2116.00	9.14
昭通市	0.00	0.00	0.00	0.00
丽江市	0.00	0.00	39.00	0.15

云南省州市	高适生区在该州面积（km²）	高适生区占该州面积比例（%）	中适生区在该州面积（km²）	中适生区占该州面积比例（%）
普洱市	7460.00	14.28	26845.00	51.40
临沧市	7954.00	28.16	6368.00	22.54
楚雄州	270.00	0.78	902.00	2.60
红河州	1944.00	5.11	5775.00	15.18
文山州	83.00	0.22	1005.00	2.69
西双版纳傣族自治州	14044.00	63.83	7776.00	35.34
大理州	8.00	0.02	206.00	0.59
德宏州	3728.00	27.90	5235.00	39.18
怒江州	86.00	0.47	411.00	2.25
迪庆州	0.00	0.00	0.00	0.00

5　未来气候下澳洲坚果在云南的潜在分布区

从表 4-5 中可以看出，SSP126 情景下 2040 年澳洲坚果高适生区面积、中适生区面积和低适生区面积较当前气候场景下都呈增大趋势，2040 年高适生区面积较当前增大 3.11%，中适生区面积较当前面积增大 7.16%，低适生区面积较当前增大 9.46%。SSP245 场景下澳洲坚果各适生区面积较当前气候场景下也呈增大趋势，2040 年高适生区面积、中适生区面积与低适生区面积分别增长 4.69%、7.84% 和 6.69%。SSP585 气候场景下 2040 年高适生区面积较目前增长 0.56%，中适生区面积较目前增长 10.71%，低适生区面积增长 15.18%。据结果显示 3 种气候情景下澳洲坚果未来面积均呈现大面积增加，对比 4 种气候场景，澳洲坚果的高适生区空间位置、中适生区空间位置和低适生区空间位置较目前空间位置基础上都无较大面积偏移扩散，与之相比变化较为明显的是 SSP585 情境下高适生区面积较目前增长比例最小，仅为 0.56% 且未超过 1%，而同气候情景下中适生区面积和低适生区面积较目前增长百分比最大，超过 10% 且最大可达 15.18%（图 4-1）。

表4-5　不同气候情景下澳洲坚果的适生区面积

气候情景	高适生区面积（km²）	高适生区面积较目前增长百分比（%）	中适生区面积（km²）	中适生区面积较目前增长百分比（%）	低适生区面积（km²）	低适生区面积较目前增长百分比（%）
Current	27933.30	100	43302.80	100	66015.30	100
SSP126	28800.70	3.11	46402.80	7.16	72259.00	9.46
SSP245	29243.80	4.69	46697.90	7.84	70434.70	6.69
SSP585	28090.30	0.56	47941.70	10.71	70637.50	15.18

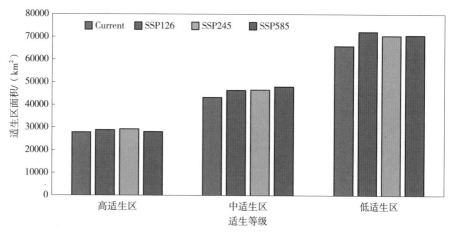

图4-1　不同气候情景下澳洲坚果适生区面积的变化

三　结论与讨论

1　结论

（1）本研究基于澳洲坚果的分布数据点和19个环境变量数据，利用MaxEnt模型对澳洲坚果在云南的适生区进行预测，ROC曲线即*AUC*值介于0.8~0.9，标准差在0.035~0.103浮动，表明模型达到"较好"的标准。

（2）Jackknife检验结果表明，影响澳洲坚果在适生区分布最主要的环境变量为最冷季度平均温度（BIO11），累计贡献率为34.5%，最湿月降水量（BIO13），累计贡献率高达 31.7%，年均温（BIO1），累计贡献率为 9.8%；昼夜温差月均值（BIO2），累计贡献率为 7.2%，降水量变异系数（BIO15），累计贡献率为 6.2%，5 类环境变量累计贡献率高达 89.4%，其余变量贡献较小。

（3）研究结果表明，气候变化将影响澳洲坚果 20 世纪 40 年代澳洲坚果的分布。对比 4 种气候场景下澳洲坚果的高适生区、中适生区和低适生区空间位置在目前的基础上都无较大面积偏移，偏移程度较小，与之相比变化较为明显的是，SSP5-5.8 情境下高适生区面积较目前增长比例最小，仅为 0.56% 且未超过 1%，而同气候情景下，中适生区面积和低适生区面积较目前增长百分比最大，超过 10% 且最大可达 15.18%。

（4）当前气候场景下，云南澳洲坚果高适生区面积为 27933.30 km²，SSP126、SSP245 和 SSP585 这 3 种气候场景下 2040 年高适生区面积较当前增长了 3.11%、4.69% 和 0.56%。SSP126 气候情景下，云南澳洲坚果高适生区主要分布在玉溪市、保山市、普洱市、临沧市、楚雄彝族自治州、红河哈尼族彝族自治州、文山壮族苗族自治州、西双版纳傣族自治州、大理白族自治州、德宏傣族景颇族自治州等地区；SSP245 气候情景下，高适生区主要分布在西双版纳傣族自治州 14091.00 km²，临沧市、普洱市面积均可达 8000.00 km²，其次是德宏傣族景颇族自治州大约可达 4527.00 km²，次之为保山市、红河哈尼族彝族自治州，其他地方分布面积较小，甚至是无分布；SSP585 气候情景下，高适生区主要分布于西双版纳傣族自治州，面积可达 13766.00 km²，其次是临沧市、普洱市、德宏傣族景颇族自治州、红河哈尼族彝族自治州、保山市、玉溪市、楚雄彝族自治州等地，其他州市分布较少。中适生区范围在目前气候情景基础上沿高适生区扩散方向延伸，面积有所增加，且在三种未来气候情景模拟下成正比增长，分别增长了 7.16%、7.84% 和 10.71%，低适生区范围与中适生区范围相间分布，其面积较目前分别增加了 9.46%、6.69% 和 15.18%，虽然在 SSP245 情景下增长比例较其他两种情景有所减少，但总体而言均为正增长趋势，涉及范围大致除昆明市、曲靖市、昭通市和迪庆藏族自治州之外，其他州市均有分布，其中，普洱市和文山壮族自治州适生范围最广，均达上万平方千米。

2 讨论

多数研究采用耦合模式国际比较计划第五阶段（CMIP5）的广泛应用于气候系统的模拟和预估研究的情景模式——RCPs 情景，而本研究采用 CMIP6 系统下的与 RCPs 情景并行的共享社会经济路径（SSPs）的同时，运用 MaxEnt 生态位模型与 ArcGIS 相结合，对澳洲坚果的潜在分布进行模拟，模型 AUC 值达到 0.8 以上，说明对澳洲坚果分布预测具有较好的效果，同时将模拟结果与 GIS 相结合，对未来澳洲坚果大面积的种植预测具有重要意义。在建立物种分布模型时，环境变量和样本量的选择会对生态位模型的预测结果产生一定影响。本研究考虑气候因子中 19 个环境变量的影响，剔除贡献率较小的环境变量，减少了冗余信息对模拟结果的影响，模拟效果较好。结果显示，2040 年澳洲坚果在中国的高适生区面积在不同场景下达 $28090.30 \sim 29243.80 \ km^2$，中适生区面积在不同场景下达 $46402.80 \sim 47941.70 \ km^2$，低适生区面积则达 $70434.70 \sim 72259.00 \ km^2$，均呈增长趋势。

2040 年澳洲坚果在中国的高适应区面积分布随着碳排放量的变化不呈规律性，高适生区范围在 SSP245 路径下达到最大为 $29243.80 \ km^2$，约占研究区面积的 8.54%，中适生区范围在 SSP585 路径下达到最大为 $47941.70 \ km^2$，约占研究区面积的 14.00%，低适生区范围在 SSP585 情境下达到最大为 $76037.5 \ km^2$，约占研究区面积的 22.20%。在未来气候变化下，澳洲坚果适生区范围波动较小，但各类适生区适生范围较当前气候模式都呈现增大趋势，4 种气候模式下的高适生区面积大小排名为：2040 SSP245＞2040 SSP126＞2040 SSP585＞当前气候，表明未来气候变化越来越适宜澳洲坚果的生存，澳洲坚果的种植面积会扩大。

杨康等人基于 MaxEnt 生态位模型预测蒙药白益母草未来（2050 年）适生区呈现向北迁移的趋势，结果表明，未来脓疮草的迁移趋势与全球气温升高背景下物种向高纬度和高海拔迁移趋势一致。塔旗等人运用最大熵生态位模对中华穿山甲潜在适宜生境进行了预测，研究结果揭示了中华穿山甲在中国的适宜分布区主要在我国长江以南地区，主要集中在江西、广东、湖南和浙江省，预测值与观测值高度吻合，预测结果与中国兽类野外手册比较吻合。赵佳强基于 MaxEnt 模型，对刺槐叶瘿蚊在中国当前和未来（2050年）的适生区进行预测，结果显示，3种外排情景RCP2.6、RCP4.5、RCP8.5的总适生区均比当前气候的总适生范围大，以高度、中度适生区面积的增大为主，新疆和我国北部区域面积显著扩增；唐梦诗等利用最大熵生态位模型与ArcGIS预测研究了气候变化下红茴砂在中国潜在适生区，预测结果显示，在全球气候持续变暖趋势下，西南地区滇中北和川南等地区能逐步满足红茴砂分布对地形、植被、热量资源丰富、水分需求高的要求，成为红茴砂新的避难所。

上述研究结果表明：随着全球气候变暖，物种的现代潜在地理分布范围将会扩大，本研究结论一致。MaxEnt模型较其他生态位模型CLIMEX、GARP具有操作简便、样本需求量小和预测精度高等优势，但不可避免也存在部分局限性，如数据量较庞大时运行速度将会滞后等，其他环境因子变量如地形、未来的人类活动强度、政府政策、经济发展水平等数据对澳洲坚果的潜在地理分布变化也有影响，由于未来时期的人类强度、政府政策、经济发展水平等数据难以获取，未加入对澳洲坚果潜在地理分布的预测，在实际应用时必须结合当地的综合条件。接下来，应增加更为全面的环境变量，探讨其对物种分布模型结果的影响。

参考文献

艾拉努尔·卡哈尔，王鹏军，逯永满，等．基于 MaxEnt 生态位模型预测木灵藓科三属植物在新疆的潜在分布区 [J]. 华中师范大学学报（自然科学版），2022，56(3)：487-496，540.

蔡碧媛．澳洲坚果栽培技术 [J]. 乡村科技，2019(5)：73-74.

陈新美，雷渊才，张雄清，等．样本量对 MaxEnt 模型预测物种分布精度和稳定性的影响 [J]. 林业科学，2012，48(1)：53-59.

高铭，倪淑萍，沈亮．基于 MaxEnt 模型的丹参全球潜在生态适宜产区分析 [J]. 中国药房，2018，29(16)：2243-2247.

何凤平，韩树权，范建新，等．澳洲坚果采收和贮藏及相关产品加工研究进展 [J]. 现代农业科技，2019(3)：222-224，230.

何进祥．澳洲坚果优质丰产栽培技术 [J]. 热带农业工程，2019，43(1)：1-3.

贺熙勇，倪书邦．澳洲坚果的扦插繁殖技术 [J]. 云南热作科技，2002(4)：46-47，38-52.

贺熙勇，陶亮，柳觐，等．国内外澳洲坚果产业发展概况及趋势 [J]. 中国热带农业，2017(1)：4-11，18.

景丞，姜彤，苏布达，等．共享社会经济路径（SSPs）在土地利用、能源与碳排放研究的应用 [J/OL]. 大气科学学报：1-19.

孔广红，马静，柳觐，等．乙烯利诱使澳洲坚果落果的研究 [J]. 西南大学学报（自然科学版），2018，40(7)：18-24.

李杨，黄炳成，王育荣，等．澳洲坚果早结丰产栽培技术 [J]. 农业与技术，2017，37(12)：148-149，152.

李柱存．云南省澳洲坚果产业发展现状及建议 [J]. 内蒙古林业调查设计，

2020，43(5)：65-67.

李自祥.澜沧县澳洲坚果的引种栽培技术研究[J].安徽农业科学，2014，42(18)：5855-5856，5982.

林玉虹，陈显国，叶雪英，等.澳洲坚果不同方法脱壳的种子发芽率试验[J].大众科技，2007(5)：130，122.

刘攀峰，王璐，杜庆鑫，等.杜仲在我国的潜在适生区估计及其生态特征分析[J].生态学报，2020，40（16）：5674-5684.

刘姚，徐小明，奚志芳，等.澳洲坚果不同部位化学成分分析与加工利用研究进展[J].广东农业科学，2020，47(6)：116-125.

罗培四，何新华，韦巧云，等.澳洲坚果繁育技术研究进展[J].中国南方果树，2017，46(3)：179-183.

马忠海.澳洲坚果栽培与管理[J].绿色科技，2018(21)：119-120.

潘浪波，段伟，黄有军.基于MaxEnt模型预测薄壳山核桃在中国的种植区[J].浙江农林大学学报，2022，39(1)：76-83.

苏联军.澳洲坚果栽培技术[J].乡村科技，2020，11(24)：106-107.

塔旗，李言阔，范文青，等.基于最大熵生态位模型的中华穿山甲潜在适宜生境预测[J].生态学报，2021，41(24)：9941-9952.

覃振师，何达标，赵大宣，等.澳洲坚果压条繁殖研究初探[J].中国南方果树，2007(4)：34-35.

唐春果.云南地区澳洲坚果高产栽培技术浅析[J].南方农业，2020，14(8)：31-32.

唐梦诗，袁淑娜，余文刚，等.气候变化下红茴砂在中国潜在适生区的最大熵生态位模型预测[J].热带作物学报，2021，42(11)：3369-3375.

田大清，王代谷，欧珍贵.澳洲坚果芽砧嫁接育苗技术[J].福建林业科技，2011，38(4)：100-103.

肖田.小坚果如何渐成大产业——西双版纳傣族自治州澳洲坚果产业发展调查[J].中国果业信息，2015，32(12)：1-8.

杨康，赵湘培，张恂，等.基于MaxEnt生态位模型预测蒙药白益母草潜在分布研究[J].中药材，2021，44(8)：1829-1833.

袁智文，徐爱春，俞平新，等 . 浙江清凉峰国家级自然保护区华南梅花鹿栖息地适宜性评价 [J]. 生态学报，2020，40(18)：6672-6677.

曾明达 . 澳洲坚果栽培技术与病虫害防治 [J]. 农家参谋，2018(24)：105.

张炜 . 保山市澳洲坚果丰产栽培技术 [J]. 乡村科技，2018(6)：104-105.

张彦静，马方舟，徐海根，等 . 基于 MaxEnt 模型的细足捷蚁在我国的适生区分析 [J]. 生态学杂志，2018，37(11)：3364-3370.

赵丹，姜家泰，刘云飞，等 . 澳洲坚果分品种加工工艺的研究 [J]. 江西农业学报，2021，33(4)：86-90，97.

赵佳强，石娟 . 基于新型最大熵模型预测刺槐叶瘿蚊（双翅目：瘿蚊科）在中国的适生区 [J]. 林业科学，2019，55(2)：118-127.

郑树芳，王文林，许鹏，等 . 澳洲坚果结果树栽培管理技术措施 [J]. 中国热带农业，2020(3)：88-89.

郑树芳，赵大宣，冯兰 . 不同澳洲坚果品种种子萌发率与嫁接成活率试验 [J]. 中国南方果树，2008，37(6)，43-44.

周波涛 . 全球气候变暖：浅谈从 AR5 到 AR6 的认知进展 [J]. 大气科学学报，2021，44(5)：667-671

Lawler J L, Shafer S L, White D, et al. Projected climate-induced faunal change in the Western Hemisphere. Ecology, 2009, 90(3)：588-597

Sillreo N. What does ecological modelling model? A proposed classification of ecological niche models based on their under lying methods. Ecological Modelling, 2011, 222(8)：1343-1346

Swets J A. Measuring the accuracy of diagnostic systems. Science, 1988, 240(4857)：1285-1293.

Wang D, Cui B C, Duan S S, et al. Moving north in China：the habitat of Pedicular is kansuensis in the context of climate change. Science of the Total Environment, 2019, 697：133979.